从小爱科学——生物真奇妙（全9册）

U0220532

小鸭和小牛的春天

［韩］梁大承 著

［韩］朴美贞 绘

千太阳 译

石油工业出版社

这是一个风和日丽的春天。

红色的花儿、黄色的花儿盛开在田野里，招来成群结队的蜜蜂和蝴蝶，或辛勤采蜜，或翩翩起舞。

从冬眠中苏醒过来的青蛙发出"呱呱呱"的欢快叫声。

春天，一切都充满了生机。

可是此刻，母鸡一点想要出门的打算都没有。

它整天一动不动地蹲坐在一个地方。

因为它正在孵卵。

"宝宝，快点儿出来吧。"

尽管在孵卵期间，时常吃不饱，但母鸡的脸上始终洋溢着幸福的微笑。

鸟、鱼、昆虫等许多动物都会产卵。

鸟儿想要孵出小鸟，就必须把卵放在暖和的地方。

因此，雌鸟就要用自己的身体去孵卵，保持卵的温度。

咔！咔！

蛋中突然传来敲打的声响。

这是小鸡啄开蛋壳的声音。

许久后，小鸡终于啄破蛋壳，伸出了脑袋。

"我可爱的宝宝！"

母鸡轻轻地将小鸡拢在怀里。

　　蛋里的幼崽会吸收蛋中的营养慢慢成长。渐渐地，它们会长出眼睛、喙、腿等部位。完全长大的幼崽会用喙啄破蛋壳钻出来。我们称这个过程为"孵化"。

当小鸡从鸡蛋里孵化出来时，母牛也做好了产仔的准备。

母牛的肚子此时已经鼓得圆圆的。

因为它的肚子里怀着小牛。

没过多久，一只跟母牛长相一模一样的小牛出生了。

"孩子，我的孩子！快到妈妈这里来！"

母牛疼爱地亲了亲小牛。

牛、狗、狮子等动物都会产仔。它们中的雌性动物都长有子宫。因此，它们的小崽都是在子宫里摄取妈妈身上的营养长大的。当它们长到一定程度之后，就会以像极了爸爸妈妈的模样出生了。

"你们都是同一天出生的，所以一定要好好相处。"

牛妈妈和鸡妈妈说道。

小牛很喜欢小鸡的样子。

"哇！你长得真漂亮啊！圆圆的、毛茸茸的，好可爱啊！"

小鸡也很喜欢小牛的样子。

长长的脸、大大的眼睛，都让小鸡非常喜欢。

它们马上就成了好朋友。

几天后，小鸡和小牛一起结伴出去踏青。

"咦？你是谁啊？"

经过池塘的小鸡突然看到了一个奇怪的动物。

那是一只小蝌蚪。

小牛对小蝌蚪也感到很好奇。

"你为什么待在水里？快出来跟我一起去踏青吧。"

"我也很想去踏青，但我无法
离开水中。"
小蝌蚪一脸遗憾地回答说。

它们告别了小蝌蚪，继续上路了。

可是走了一会儿，小牛的肚子里总是发出"咕咕"的声响。

"我有点肚子饿了。我要回去找妈妈吃奶。"

"吃奶？那是什么东西？"

小鸡歪着脑袋好奇地问道。

"你妈妈不给你奶喝吗？只有多喝奶才能健康成长。"

从妈妈的肚子里出生的动物都需要喝妈妈的奶。
妈妈的奶中含有很多宝宝生长所需的营养成分。

回到家，小牛犊就跑到妈妈身边开始喂起了乳头。

"妈妈，妈妈，我也要像小牛一样喝奶！"

小鸡不停地在妈妈的怀抱里翻找，但无论怎么找，也没有找到奶的痕迹。

"你现在已经能够自己找吃的了，但小牛还需要继续吃一段时间妈妈的奶。等它长到一定程度之后，它就可以自己吃东西了。"

母鸡抚摸着小鸡说道。

小牛和小鸡每天都在茁壮成长。

直到有一天。

"嗨，你们好！"

一只小青蛙向它们跳过来喊道。

小牛和小鸡一下子愣住了。

因为它们想不起在哪里见过小青蛙。

"是我呀，上次见过的小蝌蚪！想起来了吗？"

"你说你是小蝌蚪？你为什么有这么大的变化？"

小青蛙给它们讲述了自己的成长经过。

"不知从什么时候开始，我先长出了后腿，然后又长出了前腿，最后尾巴就消失掉了。"

小牛和小鸡对青蛙的变化感到新奇不已。

它们仿佛见证了一场魔术。

"我变成这样就等于成年了。不过，看你们和之前没什么变化，想来还没有成年吧？"

小青蛙得意地说。

许多动物在成年之后会转变为不同于出生时的模样。甚至，有些动物不但会出现身体上的转变，还会出现生活环境上的变化。比如小蝌蚪只能生活在水中，但长大之后会成为青蛙，可以跳到岸边。除了青蛙之外，蝴蝶等昆虫在长大后也会发生外形上的巨变。

"长大之后，身体真的会发生变化吗？"
小牛惊讶地问道。

"那当然！你看看现在的我就知道了！"
青蛙指着自己的外貌得意地说。

"我们会发生什么样的变化呢？"
小鸡和小牛的脸上充满了担忧的神色。

随着时间的流逝，小鸡的外貌开始出现了变化。

原本毛茸茸的绒毛褪去，长出了像妈妈一样的羽毛。

另外，头上也长出了尖尖的红色鸡冠。

"你的头上长出王冠了，而且长得越来越帅气了。看来你也快要成年了。"

小牛看着小鸡的鸡冠感叹道。

没过多久，小鸡就成长为漂亮的鸡了。

"你都长这么大了，我为什么只长了这么点儿？"

小牛很担心成年之后的小鸡会疏远自己。

说着说着，它大大的眼睛里就充满了眼泪。

"我相信过了一段时间，你也能成为一只帅气的牛，所以不要太担心。"

小鸡安慰小牛说。

　　每个动物成长的速度都
有所不同。
　　小鸡孵化之后完全成长
大约需要消耗两个月的时间。
　　小牛出生后长到成年牛
大约需要2—3年的时间。

不过，小牛的外貌也渐渐地出现了变化。

它的头上长出了角，力气也变大了很多。

当春天再次来临时，它们都以成年的鸡和牛的外貌迎接了春天。

它们的外貌虽然发生了变化，但它们一直都是形影不离的好朋友。

"我们是永远的好朋友！"

有不分雌雄的动物吗

动物通常分为雄性和雌性。雄性和雌性进行交配之后就会产卵或产仔。

可是有些动物是不分雌雄的。

例如蜗牛的身体就同时拥有雄性和雌性两种功能。

交配时，两只蜗牛会将自己的精子放进对方的身体里，然后两只都会产卵。

另外，蚯蚓或真涡虫也是雌雄同体。

除此之外，有些动物会在成长的过程中转变性别。

虽然这些动物的成长情况千奇百怪，但它们的目的都是为了繁衍更多的后代。

◀雌雄同体的蜗牛

有些动物会将自己的幼崽托付"别人"照顾

大部分动物都会尽心尽力地照顾自己的幼崽。

但是有些动物会将自己的幼崽托付"别人"照顾。

布谷鸟就是其中之一。

到了产卵期，布谷鸟就会将自己的卵产在伯劳鸟等其他鸟的鸟巢里。

由于布谷鸟的蛋与伯劳鸟的蛋很相似，所以伯劳鸟会将布谷鸟的蛋当做自己的蛋用心孵化。

布谷鸟的幼崽要比伯劳鸟的幼崽出生得更早。

先一步出生的布谷鸟幼崽会将其他伯劳鸟的蛋推出鸟巢，然后自己独享伯劳鸟妈妈给的食物。布谷鸟幼崽甚至还能模仿出伯劳鸟的叫声。因此，伯劳鸟妈妈就会坚信不疑地将它当做自己的幼崽，继续喂养它。布谷鸟幼崽吃着伯劳鸟妈妈衔来的食物不断地成长。当长到一定的程度之后，布谷鸟幼崽就会拍拍屁股，离开伯劳鸟的鸟巢。

1 幼崽破开卵壳出来的行为叫什么？

2 蝌蚪长大了会成为什么动物？

3 观察下面的图片，用线连接动物幼崽和它们的妈妈。

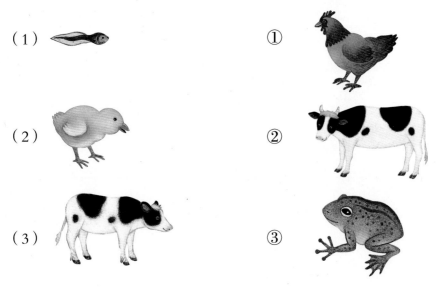

（1） ①

（2） ②

（3） ③

答案 1. 孵化 2. 青蛙 3.（1）③，（2）①，（3）②